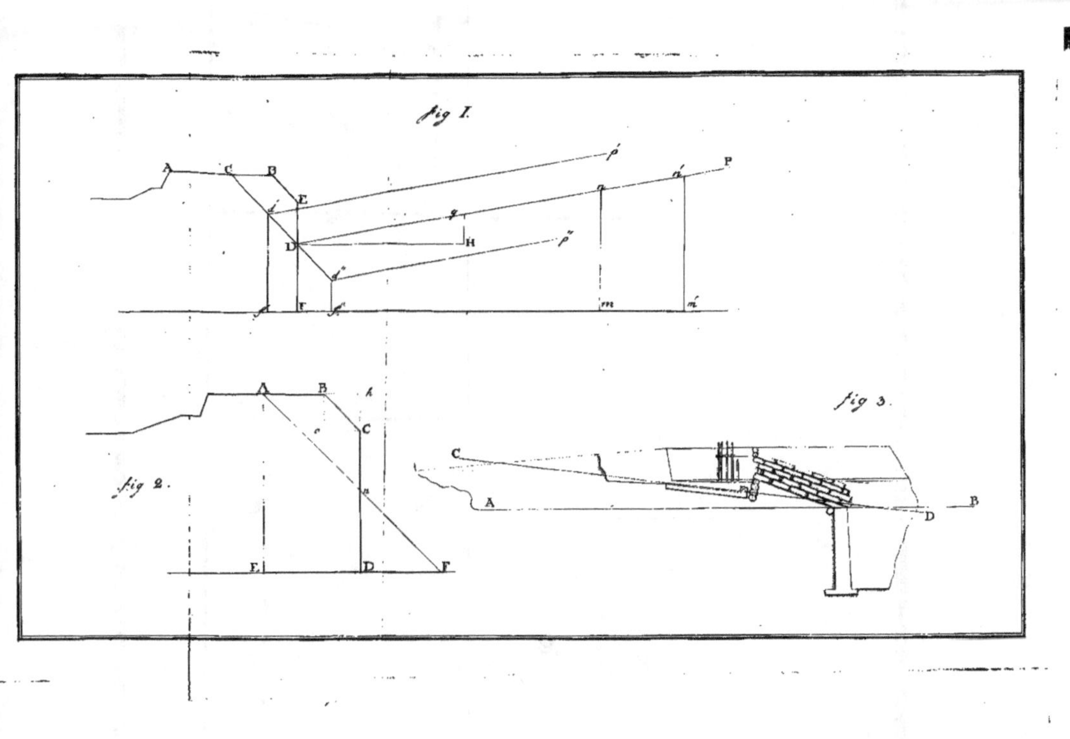
fig I.
A
C
B
E
d'
D
d''
H
q
p'
p''
P
a
a'
f'
F
f''
m
m'
fig 2.
A
B
h
C
c
n
E
D
F
fig 3.
C
A
B
D

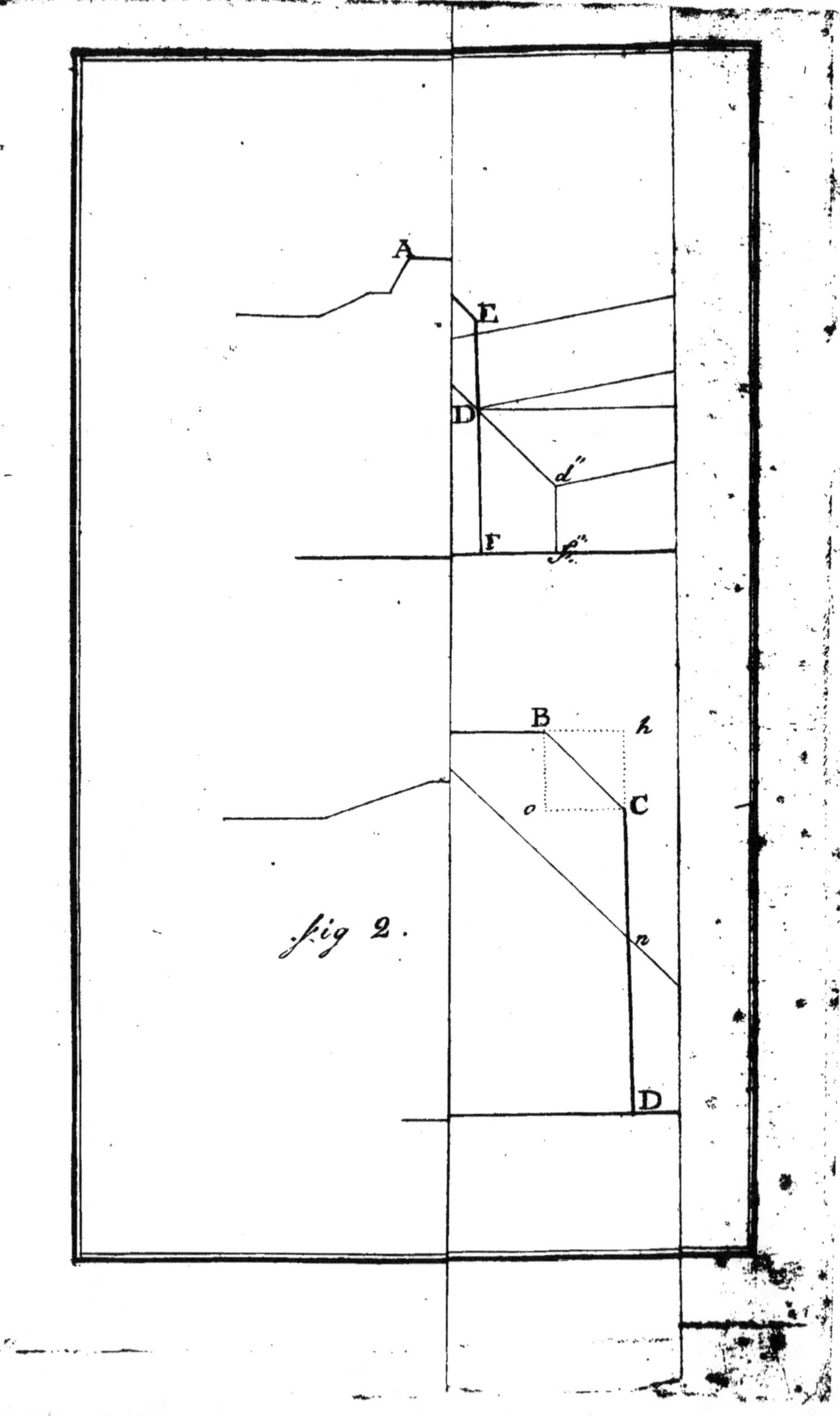
A
E
D
d''
F
f''
B
h
o
C
n
D
fig 2.

MEMOIRE

SUR LE PROFIL

EN

FORTIFICATION

PAR

Mr. de Stolipine.

Colonel de l'artillerie à cheval des gardes.

St. PETERSBOURG 1816.

chez Charles Weyher, Libraire.

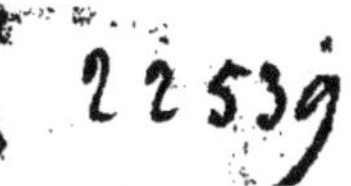

PRÉFACE.

Ce n'est ni par fatuité, ni par mépris de ma langue, que j'aime beaucoup, que je publie ce mémoire en françois; je l'aurai même moins mal redigé en russe. Mais j'ai cru être autorisé à cette demarche, par une raison décisive. Je parle des Ingenieurs françois en général, et de quelques auteurs qui sont vivants, et qui jouissent de la considération la plus justement méritée parmi leurs compatriotes; ils l'ont acquise même de tout le militaire éclairé de l'Europe; or je me suis fait scrupule d'avancer des opinions quileurs sont quelques fois contraires, dans une langue qu'ils ne sauraient entendre.

Le corps des Ingénieurs françois, qui est à si juste titre renommé et par le savoir de ses membres, et par l'eclat de leurs exploits militaires, se tient strictement en fortification à un systême, que l'on nomme moderne, qui est presque celui de Cormontaigne. C'est une mesure infiniment sage que d'éloîgner par là toute innovation dangereuse, et de frapper de mort tout projet ou systême dont le public n'est que trop souvent innondé. Pourtant on leur reprochoit d'avoir outré cette sagesse et d'avoir cru comme article de foi, qu'on ne pourrait jamais rien faire de mieux que Cormontaigne; mais il paroit que dans ces derniers tems des officiers distingués de leur corps se sont permis quelques constructions nouvelles dans les travaux entrepris par Buonaparte, cela n'est que trop naturel; un art sans cesse modifié par la guerre, et par les découvertes dans les autres arts, peut-il rester en état de stagnation? et comment mettre des bornes aux facultés de l'homme? si les gens qui ne sont pas de l'art doivent s'abstenir d'innover, les militaires qui ont attaqué, défendu et construit des places fortes, ont droit de reculer les bornes de la science; aussi la science de l'ingénieur fait elle des progrés quoi qu'on ne puisse pas reconstruire les forteresses à mesure. Bousmard, Mouzé, d'Obenheim, et peut-être Carnot, ont enrichi l'art, soit en développant quelques défauts de système reçu, soit en proposant des idées nouvelles, dont quelques unes peuvent être considérées comme découvertes réelles.

Je n'entreprendrais pas ici l'analyse et la comparaison de ses differens systêmes; je me borne à fixer l'attention des ingénieurs sur le profil. C'est la partie de la fortification qui nous regarde le plus près, nous autres artilleurs, et réellement nous sommes trop intéressés partout où il s'agit de brêche pour ne pas oser hasarder une opinion.

Je commencerai par exposer succintement ce qui a été fait sur cette matiere depuis Vauban jusqu'à nos jours, je hasarderai mes recherches ensuite, où je suivrai autant que je pourrai, la marche analytique qui nous a été si bien tracée par Mouzé et d'Obenheim. Pour la mesure je me servirai de la toise françoise. »

CHAPITRE I.

Du Profil depuis Vauban jusqu'à d'Obenheim.

Tout ouvrage de fortification doit être considéré comme engendré par le mouvement du profil sur la magistrale, et réellement le tracé n'est autre chose que le plan du profil développé. C'est donc le profil qui constitue la fortification, c'est donc à fixer le premier qu'il faut d'abord s'attacher pour parvenir au minimum du remuement des terres, sachant d'ailleurs que la fortification consiste dans des bastions réunis par leurs courtines, qui sont couvertes par la tenaille et la demi-lune, le tout enveloppé par des glacis.

Telle étoit la fortification de Vauban, telle elle l'est encore de nos jours. Son profil à moins varié encore; cependant on l'a corrigé en bien des parties.

Le profil de Vauban laissoit les revètemens trop à découvert, de sorte que de loin, sans s'établir sur les glacis, ils pouvoient être mis en brèche si non praticable, du moins toujours dangereuse et nuisible à la défence.

Cormontaigne a corrigé ce défaut, en rejettant le revêtement du parapet au dessus du cordon, et le laissant en terre roulante. Il a de même relevé les glacis de sorte que l'assiégeant ne peut plus découvrir de loin aucune partie du revêtement, et qu'il est obligé pour cela d'établir ses batteries sur les glacis même. Il a beaucoup perfectionné aussi le relief de toutes les parties de la fortification et leur dépendance mutuelle. Son profil est adopté par les ingénieurs françois. Il a des défauts pourtant, que je prends la liberté d'exposer comme il suit; sans entrer dans aucun detail de son relief qui est d'ailleurs si connu.

Tout profil ou relief doit être fixé de manière, que les terres fournies par le fossé soyent suffisantes pour former les remparts et ne surpassent pas cette quantité; c'est un principe adopté par tous les ingénieurs, et le profil dont nous nous occupons n'y satisfait point; je m'explique.

Après avoir fixé le commandement du bastion sur la campagne à 18,^{p} le commandement de son glacis à 9,^{p} celui de la demi-lune à 14^{p} et de son glacis à $8\frac{1}{2}^{p}$, ayant fixé aussi la profondeur du fossé et la hautenr de la contre-escarpe à 23^{p} la hauteur de l'escarpe à 30 pieds, il se trouve que, dans le système moderne avec le relief ci-dessus, les déblais sont loin d'être égaux aux remblais, et que les excavations fournissent beaucoup plus de terre, que n'en peuvent consommer les remparts avec leur glacis, même en supposant le bastion plein. Comment corriger ce défaut? et par quel moyen balancer les déblais et les remblais? — On procède, pour les rendre égaux de la manière suivante.

Les auteurs de ce profil ont d'abord trouvé le commandement du bastion à 18 pieds suffisant, cependant après, pour balancer le remuement des terres, ils relevent tout le système de la fortification de 3 pieds; de sorte que le bastion se trouve avoir 21 pieds de commandement sur la campagne, le chemin couvert est relevé de 3 pieds sur le sol, le glacis commande de 12 pieds le terrain. La contre-escarpe reste de 23 pieds et l'escarpe de 30 pieds, mais le fossé n'est plus creusé qu'à 20 pieds de profondeur. Il suit de là qu'en enfoncant de 3 pieds de moins le fossé, et relevant de 3 pieds de plus les remparts, on est parvenu à balancer les déblais et les remblais; mais il ne s'en suit pas moins qu'on s'est éloigné par là du minimum du remuement de terre. Car cette condition exige que le chemin couvert reste sur le terrain naturel, et que les fossés fournissent juste autant de terre qu'il en faut pour former le rempart: il suit encore de la qu'il n'y a pas de systéme qu'on ne puisse balancer ainsi, sauf le cas infiniment rare, où les fossés donnent trop peu de terres.

S'il est prouvé que le commandement de 18 pieds au bastion est suffisant pour en assurer le feu de même que celui de son chemin couvert, pourquoi lui en donner davantage? pourquoi surtout relever le chemin couvert? c'est un avantage peut-être, mais il en coûte trop pour l'obtenir. Aussi ce n'est pas pour cela qu'on fait ici ce sacrifice, c'est pour conserver les 23 pieds de contre-escarpe et les 30 pieds d'escarpe qu'on seroit obligé sans cet exhaussement de découvrir.

Je trouve qu'on a trop donné d'extension au principe suivant; que plus les fossés secs sont profonds et les ouvrages élevés, mieux est la fortification. Ce principe est vrai en lui même, mais pourrait-il ne pas avoir de limites? on a beau creuser dans le sens vertical, on ne saurait rendre l'escalade physiquement impossible. Elle l'est pourtant réellement toutes les fois que les fossés sont flanqués, précédés par des ouvrages avancés et qu'il s'agit d'appliquer des échelles et defiller sur elles.

Le second défaut du profil qui nous occupe est que la demi-lune a peu de commandement sur son glacis. Ce commandement n'étant que de $5\frac{1}{2}^p$ n'assure pas un feu simultané des deux ouvrages. Le bastion commande de son glacis 9^p ; le commandement de la demi-lune devroit être plus roide, puisque le point à battre la troisième parallelle en est moins éloigné.

La crête intérieure d'une face de bastion est à $84\frac{1}{2}$ toises de la crête de son glacis et la commande de 9 pieds. La crête intérieure de la demi-lune est à $19\frac{1}{2}$ toises de son glacis; or pour que le commandement soit aussi roide d'une part que d'autre, il faudroit que la demi-lune commande son glacis de $7\frac{3}{10}$ pieds; et ce commandement n'est que de $5\frac{1}{2}$ il faudroit pourtant l'augmenter jusqu'à 8 pieds, vu que l'ouvrage est plus proche de la troisième parallèle. C'est ce que les auteurs de ce profil auroient pu faire si après avoir balancé le relief ils relevoient moins le chemin couvert de la demi-lune, mais on ne le sauroit faire sans démasquer les revêtemens et c'est ce que l'on ne peut admettre. Donc le second défaut de ce profil provient de la même cause que le premier, qui est que les revêtemens en sont trop élevés.

Le troisième défaut que l'on reproche au profil que nous analysons, défaut plus important que les deux premiers et avoué par tous les ingénieurs depuis Cormontaigne jusqu'à nos jours, est que lorsque la brèche est faite, il tombe avec le revêtement une si bonne part du parapet, que ce qu'il en reste peut facilement être enlevé par quelques volées de canon; alors l'assaut, operation si delicate, devient facile; et réellement les batteries de brèche sur le glacis, sont à la hauteur du terre plein du bastion; elles commencent à balayer par la trouée du parapet tout ce qui pourroit s'y présenter, tandis que les colonnes assaillantes se forment au fond du fossé, et ne tardent guere à monter sur un rempart dont la hauteur, par la chute du parapet, est diminuée de 9 pieds, et qui ne saurait être que faiblement défendu étant découvert. Tel sont les principaux défauts du profil de Cormontaigne; on voit assez qu'ils proviennent de ce que l'auteur s'est assujetti à avoir 30 pieds d'escarpe revêtue; mais passons aux ingénieurs qui sont venus après lui.

Mouzé que le Générale Marescôt appelle si justement le sage Mouzé, ne s'est malheureusement pas beaucoup occupé de cet objet dans ses memoires; il a seulement prouvé qu'il est très avantageux d'accoler la galerie principale des mines à la contre-escarpe, contre l'opinion de Cormontaigne, qui voulait la placer sous la banquette du chemin couvert. Il s'en suit pour le profil qu'il faut toujours lui supposer dans toute nouvelle construction une galerie de contre-escarpe, et la faire entrer commme partie intégrante dans toute estimation et calcul.

Bousmard renommé par ses écrits, célèbre par la défense de Danzig, champ de sa gloire et de sa mort, n'a pas proposé non plus d'importants changemens dans le profil, outre qu'il donne 22 pieds de commandement à son bastion ce qui lui étoit indispensablement nécessaire, et il conseille encore de donner un pied de pente par toise à la plongée du parapet, au lieu de 2 pieds qu'on lui donne pour trois toises. On ne saurait contester que cela peut être quelques fois avantageux. Bousmard à judicieusement remarqué encore que dans la fortification moderne, il y a des parties dans les fossés qui ne sont point défendues, vu la hauteur des ouvrages, et nommément les parties des fossés de la demi-lune qui touchent le fossé du corp de la place, sont dénuées de toute défense; or cela provient encore de la grande profondeur du fossé; si on le faisait de 5 pieds moins profond ce défaut s'évanouiroit avec beaucoup d'autres.

Carnot à qui l'on ne peut sans injustice refuser du génie, à qui l'on est redevable de l'invention des feux courbes et du tir à mitraille avec des mortiers *) s'est pourtant toute sa vie trom-

*) Nous avons beaucoup perfectionné ce tir en Russie, jusqu'au point qu'on est parvenu à pointer le mor-

pé en fortification. — Il ne veut ni contre-escarpe, ni chemin couvert; mais c'est renoncer aux avantages les plus précieux de la fortification moderne qu'il est inutile d'énumerer; le fait est; qu'il n'a pas mal critiqué le système moderne, mais il a mal composé le sien. Je ne parlerai pas de son ouvrage, d'autant plus que la critique savante qui en a été faite par le colonel de l'artillerie des gardes Weliaminoff ne laisse rien à désirer.

D'Obenheim s'est occupé plus que tous les autres ingénieurs du profil et du relief, au quel il a assujeti son tracé. L'auteur a peu écrit lui même; mais

tier ainsi chargé à la distance de 150 toises, et de ne jamais manquer le but, qui était une petite batterie de deux pieces de campagne. C'est le Prince Mentschikoff, alors lieutenant en second de l'artillerie des gardes maintenant aide de camp de l'Empereur, qui était chargé de diriger les expériences qu'on avoit entrepris. On ne sauroit lire sans le plus grand intérêt le procès verbal qu'il en a redigé. Une des difficultés à vaincre, étoit qu'il fallait joindre l'économie aux autres effets désirables, et ce n'est qu'après des épreuves et recherches fort curieuses, qu'il est parvenu à d'heureux resultats.

son système d'après lequel on exécutait les travaux de Mayence, a été exposé dans un mémoire que le Prince Wolkonsky Général aide-de-camp, major général des armées, a fait publier à St. Pétersbourg par le Comte de Falckland.

L'auteur y manie avec autant de dexterité la géomètrie descriptive que l'analyse, mais comme les recherches de Mr. Obenheim exigent notre attention particulière nous nous en occuperons au chapitre suivant: Il nous reste à exposer un changement qui dans ces derniers temps est survenu dans les revètemens et qui était désiré depuis longtemps par beaucoup d'ingénieurs.

Il parait qu'on est convenu maintenant, de ne donner que peu ou point de talus exterieur au revêtement, mais pour qu'il ne perde point de sa force on construit ce talus intérieurement avec des retraites, dont la résultante concourt sans contredit à consolider cette masse de maçonnerie.

On ne fait plus les contre-forts en

trapèze mais en parallelogramme appuyé au mur par leur petit coté, ce qui rend le revêtement plus solide. Cette excellente méthode de construire les contreforts est imitée des Italiens, qui les ordonnançoient ainsi, quand il falloit donner plus de force au revêtement, et les appellent alors Eperons.

La méthode de ne point donner de talus au revêtement, a l'avantage inappréciable de rendre l'influence irrésistible de l'atmosphère beaucoup moins puissante sur les maçonneries. A celui là elle réunit quelques autres qui n'ont pas été remarqués encore. D'abord par cette méthode les fossés deviennent aussi larges en bas qu'en haut, d'où le passage entre la tenaille et le flanc laisse une trouée moindre, ce qui est avantageux. Secondement, les profils des traverses ne devant pas non plus avoir de talus, le chemin couvert est par là mieux défilé des feux de revers qui agissent par la trouée du fossé de la demi-lune, la place d'arme rentrante est aussi mieux défilée des mêmes feux.

Ces avantages ne sont pas considérables, mais il est fort heureux qu'en corrigeant un défaut capital, on ne soit tombé en aucun inconvénient, mais qu'on s'est même procuré des avantages qu'on ne cherchois pas.

Nous ajouterons qu'on peut réunir les contreforts avec des voûtes; alors le revêtement devient, comme on le nomme, en décharge. C'est ainsi que Coehorn arrangeait son orillon. Cette méthode donne une grande solidité au revêtement, et pour peu que la queue des contreforts soit alongée, il devient difficile de mettre un tel revêtement en brêche, car la poussé des terres, qui contribue le plus à renverser le mur d'escarpe, devient presque nulle.

Je ne dois pas finir ce chapitre, sans remarquer, que la théorie des revêtemens et celle des voûtes ne s'est perfectionnée que dans ces derniers temps.

La premiere est savamment exposée par Mr. Prony dans un mémoire où il considère la terre comme un fluide imparfait tendant à renverser l'escarpe.

La théorie des voûtes est consignée dans le traité de la construction des ponts où elle est très bien dévelopée dans les notes de Mr. Navier. Cette théorie est basée sur des expériences qu'on trouve détaillées dans les extraits de la bibliotheque nationale des ponts et chaussées. De même d'autres parties des constructions on été perfectionnées; on a fait des expériences sur le ciment, la résistance des pierres, du bois, et du fer: — en général on peut dire que l'art de la batisse s'est ressenti des progrés qu'à fait la chimie, et la géomêtrie descriptive.

Tels sont les principaux changemens survenus dans le relief, le profil et les constructions depuis Vauban jusqu'à nos jours.

CHAPITRE II.

EXPOSÉ DU RELIEF ADOPTÉ PAR D'OBENHEIM; ANALYSE DE SON PROFIL.

Mr. d'Obenheim professoit les fortifications à Metz ; il étoit parvenu à faire adopter son système dans cette école célèbre; les grands travaux de fortification que le gouvernement avait entrepris à Mayence, étoient même dirigés d'après sa méthode. Il perdit sa place; vinrent le remplacer les ingénieurs F. et S. — ceux là critiquèrent sa maniere, et présentèrent au gouvernement deux mémoires auxquels avoit répondu Mr. SEA élève de Mr. d'Obenheim. Le gouvernement prononça en faveur des nouveaux professeurs; le système de Mr. d'Obenheim fut abandonné, et remplacé par l'ancien.

Ce n'est donc point le travail d'un homme obscur que nous allons analyser, mais un système qui a des partisans parmi les ingénieurs françois ; qui avoit fait pencher en sa faveur un gouvernement très éclairé dans cette partie; or cela suffit pour mériter de notre part la plus grande circonspection, et nous nous tiendrons à la seule partie qui nous occupe maintenant.

Le tracé de ce système se fait par la crête intérieure du parapet et non par la magistrale.

Les parties déterminées par le tracé sont:

1. La crête du parapet du corps de la place.
2. La crête du glacis du bastion, des places d'armes et de leur reduit.
3 La crête du parapet de la demilune.
4. La contre-escarpe du reduit et la crête de son parapet
5. L'escarpe et la contre-escarpe du cavalier du bastion.

Toutes les autres parties de la fortification; comme la crête du chemin couvert de la demi-lune, les lieux des escarpes et contre-escarpes, la largeur et la profondeur des fossés, la hauteur de l'escarpe etc., se déterminent par des opérations subséquentes dépendantes des conditions du relief et du site environnant qu'on ne suppose pas horizontal.

La largeur des parapets est de 3 toises et leurs talus à 45°.

L'auteur admet en principe que la fortification doit être la plus rasante possible. Car quelques pouces de relief de plus au chemin couvert de la demi-lune, peuvent influencer beaucoup sur le relief du corps de la place, ce qui n'est que trop vrai, et il est conduit par ce raisonnement et d'autres conditions qu'il s'impose, à enfoncer le chemin au dessous du sol naturel; ce qui n'est pas un avantage, non plus qu'une conséquence rigoureuse du principe adopté.

L'auteur est de l'opinion que 15 pieds d'escarpe suffisent pour empêcher l'escalade. Il est difficile de ne pas partager ce sentiment vu que dans la fortification moderne les escarpes sont précédées de contre-escarpes, de la demi-lune, et des chemins couverts retranchés par des réduits, et réellement 15 pieds d'escarpe obligent à se servir d'echelles pour l'escalade; l'assaillant est obligé à les descendre et poser dans des fossés parfaitement flanqués; ensuite il doit défiler par ces échelles, et escalader enfin un rempart en terre, qui a toujours plus de valeur que tout ouvrage de campagne; or en voila plus qu'il faut pour faire manquer une opération désespérée à la quelle on n'a recours que par dénuement de moyens de faire un siège en regle, et qui dévoile la faiblesse de l'armée ou l'ignorance du général.

Enfin l'auteur admet en principe que le maximum d'inclinaison pour les feux de l'artillerie, est lorsque la ligne de mire fait un angle au $\frac{1}{8}$, avec l'horizontale, ce qui a lieu quand la tangente de l'angle est le $\frac{1}{8}$ du rayon.

Si on tirait sous un angle plus grand qu'au $\frac{1}{8}$, les pieces, dit l'auteur, recevroient une impulsion dont la composante verticale les feroit sortir des tourillons et on ne tarderait pas à briser l'affut. C'est d'après ce principe qu'est fixé tout le relief du systeme. Après avoir fixé le plan de défillement du chemin couvert, l'auteur pour fixer le relief de la demi-lune qui est située dans le même plans se propose les 5 conditions suivantes.

1. L'artillerie de la demi-lune et la mousqueterie de son chemin couvert, doivent battre simultanément les approches de l'assiégeant sur les capitales des bastions collatéraux.
2. Pour ne pas inquiéter les défenseurs du chemin couvert, les feux d'artillerie de la demi-lune, doivent passer à 4 pieds au-dessus de la crête du chemin couvert.
3. L'artillerie de la demi-lune tirant au $\frac{1}{8}$ d'inclinaison, qui en est le maximum, doit battre le bord de la contre-escarpe.
4. La quatrième condition est de conserver après que la brêche à été faite, et une partie du parapet éboulé, 2 toises de ce parapet intact; car le boulet s'enfonçant de 2 toises dans les terres ordinaires, il faut que ce

qui reste du parapet soit à l'épreuve du boulet pour couvrir les défenseurs.

5. Le fossé de la demi-lune doit avoir 9 toises de largeur en terrain horizontal, et ne doit dépasser dans aucun cas $11^t - 3^p$ car alors il peut avoir une piece de plus pour sa défense.

Avant d'aller plus loin il convient de refléchir sur ces conditions qui décident du relief et influent sur le tracé.

La premiere condition est très avantageuse à la défense, et n'est point remplie dans le système de Cormontaigne, la demi-lune n'ayant que $5\frac{1}{2}^p$ de commandement sur son glacis.

La seconde n'est qu'une conséquence pour satisfaire à la premiére.

La troisième condition est souvent, quoiqu'illicitement satisfaite.

La cinquième n'est point de grande importance et peut être considérée comme assez indifférente.

Mais ce qui regarde la quatrième condition qui est de conserver 12 pieds de parapet, après qu'une partie en soit éboulée par la brèche, on ne saurait contester qu'elle ne soit infiniment avantageuse pour la défense, mais par la maniere dont l'auteur cherche a y satisfaire elle renverse toutes les théories connues sur le relief et influe beaucoup sur le tracé.

Je vais sommairement exposer la solution de l'auteur, ou plus-tôt en donner une idée, aussi complette qu'il sera possible sans entrer dans des détails de géométrie descriptive et d'analyse, qui ne sont point épargnés dans le mémoire que nous avons cité.

Soit un profil quelconque

A B E F (fig. 1.)

Sur la plongée du parapet A B. je prend A C = 2 toises ce sera la partie du parapet qui doit rester intacte après la brèche faite. Par C et D je tire une ligne faisant avec l'horizontale un angle de 45° tel sera le talus que prendront les terres; D est situé sur l'escarpe; et si l'assiégeant ne peut pas battre plus bas que le point D. l'escarpe DF restera debout et la partie du parapet AC=2 toises sera intacte, les terres ne pouvant prendre d'autre talus que CD qui fait avec l'horizontale un angle de 45°.

Il faut se rappeller ici que le maximum d'inclinaison de l'artillerie est au $\frac{1}{6}$ il faut donc pour satisfaire à la question, fixer tellement la largeur du fossé et la hauteur de la contre-escarpe que la batterie de brêche placée à son sommet ne puisse pas avec le maximum d'inclinaison viser dans l'escarpe plus bas que le point D, pour cela je tire la ligne DP qui fait avec l'horizontale PH un angle au $\frac{1}{6}$ dont la tengeante Hg est six fois plus petite que le rayon HP. La ligne DP est visiblement celle des contre-escarpes, et réellement toutes les contre-escarpes mn, m,n', satisferont à la question; et toute batterie placée au sommet n'n', ne saurait viser plus bas que D.

Nous avons supposé ici que l'emplacement de l'escarpe est fixé en F; or elle ne l'est pas; et alors la ligne

CD est la ligne des escarpes, puisque toute escarpe d''f'', d'f' et df, satisfait à la question, mais chacune exige une nouvelle ligne de contre-escarpe d''p'', d'p', et dp, la profondeur du fossé se fixe d'après la hauteur qu'il faut donner aux escarpes.

On voit assez de combien de solutions différentes est susceptible ce problème et combien il doit influer sur le tracé; mais toutes les parties de la fortification ont des limites et l'auteur parvient à resoudre le problème par la construction de plusieurs lignes courbes.

Les professeurs qui ont redigé la critique du système ont prouvé, qu'on peut parvenir à la solutions par quelques formules du premier degré, méthode beaucoup plus facile et surtout plus exacte.

De tout ce que nous avons dit, il parait clairement que l'auteur, le plus souvent sera conduit par les resultats qu'il obtiendra, à rendre les fossés plus étroits, les faire plus profonds et à enfoncer le chemin couvert. Remarquons encore ici que la partie de l'escarpe D E, qui peut-être mise en brêche ne doit jamais être plus qu'une toise puisqu'elle est égale à CB qui est d'une toise par construction, mais essayons par des exemples de fixer les idées du lecteur sur les dimensions du profil.

Soit un fossé large de 10 toises, l'assiégeant tirant au ⅙ pourra battre l'escarpe en un point quelconque, qui est de 10 pieds plus bas que le sommet de la contre-escarpe, puisque le pied est la sixième partie d'une toise. Or l'escarpe ne doit surmonter le point battu que de 6 pieds, donc le sommet de l'escarpe sera de 4 pieds plus bas que celui de la contre-escarpe et ne sera à la même hauteur que lorsque le fossé aura seulement 6 toises de largeur, et toujours, l'escarpe sera d'autant de pieds plus basse que la contre-escarpe, que le fossé a de toises de largeur-moins six pieds.

Supposons qu'il faut donner 15 toises de largeur au fossé. Le sommet de l'escarpe sera de 9 pieds plus bas que celui de la contre-escarpe, si l'on veut maintenant conserver 15 pieds de hauteur à l'escarpe la contre-escarpe devra en avoir 24.

Quand c'est la hauteur de la contre-escarpe qui est fixée, alors on fait varier la largeur du fossé, pour donner une hauteur raisonnable à l'escarpe qui est toujours au minimum dans ce système.

La profondeur du fossé peut varier aussi; mais aucune des parties du profil n'est pourtant pas arbitraire, puisqu'il faut avoir un fossé qui fournisse assez de terre pour la confection du rempart.

Voila de quelle manière le relief influe sur le tracé dans ce système et à présent on voit clairement la raison pour quoi le tracé se fait par la crête intérieure et non par la magistrale, manière très assujétissante, et dont les avantages sont illusoires.

Par toutes les conditions que l'auteur s'est imposé et la manière dont il y satisfait, il s'est trouvé engagé dans les conséquences suivantes:

1. Le chemin couvert est enfoncé sous le sol naturel.
2. Les fossés sont plus étroits qu'à l'ordinaire ou plus profonds.
3. L'escarpe du corps de la place est parallèle à la contre-escarpe; si c'étoit autrement, le sommet de l'escarpe ne pourrait pas être horizontal, le fossé s'élargissant vers les épaules, l'escarpe devroit s'abaisser dans le même sens.
4. La crête intérieure du parapet est considérablement éloignée de l'escarpe ce qui rend quelques fois le flanquement imparfait, et le sommet de l'escarpe est toujours moins élévé que le sommet de la contre-escarpe.
5. Le minimum du relief ne donne pas moins de terre à remuer que ci-devant et souvent d'avantage, ce qui provient de ce que la largeur et la profondeur du fossé ne se fixent pas d'après le relief, mais par des combinaisons qui en sont indépendantes.

On ne saurait disconvenir que toutes ces conséquences ne sont pas à l'avantage de la défense; au reste pour porter un jugement solide sur un système encore neuf et peu connu, il faudrait s'assujetir à défiler un front entier et construire tous ses profils; nous n'avons pourtant pas besoin de nous donner cette peine, car s'il est juste d'accorder à l'auteur beaucoup de savoir et de sagacité, de grandes vues, dignes d'un ingénieur consommé; nous sommes forcés d'ajouter, que tout son système est fondé sur une supposition fausse, illusoire, que je dois et vais combattre:

La condition de conserver 2 toises de parapet après la brèche faite, est résolue seulement dans la supposition que le maximum d'inclinaison pour les feux de l'artillerie est au sixième: or c'est une assertion vague; examinons la.

Quand la tengeante d'un angle est la sixième partie du rayon, cet angle est alors entre 9 à 10 degrés; l'auteur croit que tel est l'angle de la plus grande inclinaison, et cela est assez vrai pour les cas ordinaires: mais l'auteur ignorait-il qu'on peut relever les flasques de l'affut en faisant la plateforme de la batterie de brêche inclinée du côté de la genoulliere; et qu'est-ce qu'il y a de plus facile que de donner à cette inclinaison 8 à 10 degrés; or il n'en faut pas autant pour renverser toute la théorie du systême.

Tous les officiers d'artillerie conviendront de ce que j'avance; pour ceux qui seronts plus difficiles, je cite une autorité qu'on ne peut révoquer en doute sur cette matière: c'est Cormontaigne.

Dans le mémorial pour l'attaque des places chapitre XVIII. page 244, l'auteur après avoir dit qu'on peut pointer une piece à 8 degrès au dessus de l'horizon en terrain horizontal, enseigne comment il faut s'y prendre dans les occasions où cette élévation ou abaissement ne seroient pas suffisants; et il dit:

"S'il faut battre de haut en bas il "n'y a qu'à rélever le derriere de la "plate-forme; cela s'entend, sans qu'il "soit nécessaire d'en donner une plus "ample explication"

"De cette façon on pourra battre de "16 à 18 degrès au dessous de l'hori- "zon."

Dans un autre endroit du même chapitre l'auteur dit qu'il faut en pareil cas donner à la plate-forme, 6 à 7 pouces de pente, par toise du derriere en avant.

La troisième figure de la planche, donne une idée de la manière dont il faut construire les batteries en pareille circonstance; A B est la ligne horizontale et CD celle de la plate-forme. Il faut remarquer que la plongée de l'embrasure est de beaucoup trop forte dans cette figure, pour le cas dont il s'agit.

Ce que nous avons dit suffit pour convaincre que le principe, que le maximum d'inclinaison des feux de l'artillerie est au sixième, ne peut pas être généralement adopté; mais il doit être reçu pour l'artillerie de la place; car une plus grande plongée dans les embrasures, réduirait les merlons à peu de chose, produirait de trop grands évasemens d'embrasures et en rendroit la construction trop assujetissante, vu que l'épaisseur des parapets de la place est d'une toise plus forte, que celle du parapet de la batterie de brèche.

Il reste à expliquer, comment les professeurs qui ont rédigé la critique du système de Mr. d'Obenheim lui ont accordé le principe du maximum d'inclinaison, et n'en ont rélevé que les conséquences; ils disent.

"Le principe de la conservation de "2t. de parapet, après la brèche faite, "parait au premier abord bien trouvé, "et fort ingénieux; on devait s'en pro-"mettre de plus heureux resultats; "mais les conséquences qui dérivent "de ce principe, sont si peu admissi-"bles, que le principe lui même pa-"roit devoir être écarté."

Mon opinion est différente, je dis: Le principe de la conservation de 2t. de parapet après la brèche faite, est bien trouvé et fort ingénieux; on doit s'en promettre d'heureux résultats; mais la solution de l'auteur n'est rien moins que satisfaisante, quand même les conséquences qui en dérivent seroient admissibles; il ne s'en suit pourtant pas que le principe lui même doive être écarté; et si l'on n'a pas su encore y satisfaire, faisons de nouveaux efforts; peut-être ne seront ils pas infructueux, et essayons de resoudre ce problème *a priori*.

CHAPITRE III.

Théorie pour déterminer la hauteur de l'escarpe.

Soit un profil quelconque ABCDE, figure 2; pour simplifier la question supposons que l'escarpe CD est verticale, qu'au sommet de l'escarpe C il n'y a ni berme ni cordon, et que la plongée du parapet AB est horizontale : soit:

L'escarpe CD - = a
AB, partie du parapet qui doit être renversée dans le fossé = y
Co=Bo, hauteur du parapet au dessus du cordon en terres roulantes - - = c

nous aurons AE=a+c; et ED=y+c.

Supposons la brèche faite, l'escarpe et le parapet renversés dans le fossé, les terres prendront leur talus par la ligne AF qui fait avec l'horizontale un angle de 45°.

Il est évident que le prisme de terre dont le trapèze ABCn est la base, renversé dans le fossé, prendra la forme d'un prisme triangulaire dont la base sera nDF, la hauteur des deux prismes est la même, c'est la largeur de la brèche; leur volume étant égal aussi; il s'en suit que la surface du trapéze ABCn est égale à la surface du triangle nDF.

Je dois faire remarquer que les terres renversées dans le fossé auront de chaque côté de la brèche leur talus ou pentes, dont chacune, si l'on nomme DF$=x$, seroit exprimée par $\frac{x^3}{6}$ mais comme les terres du parapet, quand elles s'éboulent, enlevent de droite et de gauche de la brèche des masses presque équivalentes aux quantités $\frac{x^3}{6}$, nous n'avons pas voulu les faire entrer dans notre calcul, d'autant plus qu'à la rigueur, il faudrait aussi évaluer le cordon de l'escarpe, l'effet que produit la berme qui est au dessus, la plongée du parapet que nous avons supposée horizontale dans B, qui est sa moindre hauteur; or toutes ces quantités sont de peu de valeur dans la pratique; il y a même des conditions dans ce problème qui ne sauroient être évaluées; comment déterminer par exemple l'espace que les terres éboulées dans le fossé occuperont d'après celui qu'elles occupaient dans le massif du rempart? — quoi qu'il est certain qu'elles en occuperont un plus grand dans le fossé, car elles n'y sont, ni battu par la main de l'homme, ni comprimées par le temps; on pourrait, il est vrai, faire la dessus des expériences qui nous auroient conduites à des resultats plus ou moins équivoques; mais la question devient insoluble si l'on fait entrer en considération la maçonnerie, et les vides que produiront ses éclats amoncelés en contact avec la terre, qui est elle même une substance hétérogène. Il y a d'autres combinaisons encore: la ligne par la quelle les terres prenent leur talus, n'est rien moins qu'une ligne droite, on la considère pourtant comme faisante avec l'horizontale un angle de 45°

ajoutons encore que vers la fin d'un siège le parapet est passablement défiguré, et que dans la partie du parapet qui s'écroule on a pu avoir pratiqué des embrasures. Concluons de là que c'est en vain qu'on chercheroit à fixer rigoureusement tous ces divers rapports, et qu'il suffit de les déterminer d'une manière satisfaisante pour la pratique; revenons à notre sujet.

Ainsi donc, la surface du trapéze ABCn, est égale à la surface du triangle nDF, ou ce qui est la même chose, la surface du poligone EABCD est égale au triangle AEF; exprimons cela algébriquement.

La surface du poligone sera AE $=$ $a+c$; multiplié par ED $= y+c$, moins le triangle Bhe qui est $\frac{c^2}{2}$ ainsi la surface du poligone sera exprimée par $(a+c)(y+c) - \frac{c^2}{2}$: la surface du triangle AEF sera exprimée par $\frac{(a+c)^2}{2}$, car EF = AE, et AE = a + c, ainsi nous avons l'équation

$$(a+c)(y+c)-\frac{c^2}{2}=\frac{(a+c)^2}{2};$$

qui donne en dernier resultat la formule

$$y=\frac{a^2}{2(a+c)}$$

où *a* détermine la hauteur à donner à l'escarpe; et *y* la partie du parapet qui tombera dans le fossé.

Avant de passer aux applications de cette formule, remarquons que l'on peut prendre pour inconnue chacune des trois quantités *a*, *c*, et *y*; l'on peut même en prendre deux, car il est facile d'avoir une autre équation, puisque si *a* et *c*, sont inconnues mais la quantité $a+c$, est presque toujours déterminée, c'est le commandement du bastion et la profondeur du fossé pris ensemble, moins la plongée du parapet.

Il faut encore faire attention, que dans la formule de l'escarpe $y=\frac{a^2}{2(a+c)}$, la valeur de *y* diminue à mesure que celle de c augmente, supposant celle de $a+c$ invariable, ce qui n'est que trop vrai, car plus vous abaissez l'escarpe, moins il tombera du parapet dans le fossé; tellement que si l'escarpe se réduit à peu de chose, y devient une quantité fractionelle, et nous aurons $y=1$, quand $a^2=2\,(a+c)$, et si $a=0$ il est clair que $y=0$; et réellement quand il n'y a point d'escarpe, il n'y a pas de brêche à faire.

Passons maintenant aux applications:

Il s'agit de savoir quelle partie du parapet, après la confection de la brêche tombera dans le fossé, dans le profil de Cormontaigne; c'est à dire, il faut évaluer y dans ce profil.

Nous avons

L'escarpe de Cormontaigne $a=30$ pied.

La hauteur extérieure du parapet au dessus du cordon - $c=7$ pied.

mettons ces valeurs dans la formule - $y=\frac{a^2}{2(a+c)}$

Nous aurons

$$y = \frac{(30)^2}{2(30+7)} = \frac{900}{74} = 12^{p}\tfrac{6}{37} :$$

Donc dans ce profil la partie qui tombera dans le fossé sera de 12 pieds 2 pouces à peu près, ce qui est fort probable; celle donc qui restera intacte sera de 5 pieds 10 pouces; épaisseur trop faible, qui n'est pas à l'épreuve du canon et peut être enlevée par quelques volées; aussi exige-t'on que cette épaisseur soit de 12 pieds.

Il faut pourtant considérer que le profil que nous avons analysé, est encore ce qu'il y a de mieux; mais la plus part des places fortes de l'Europe sont revêtues en plein, au dessus du cordon, selon la méthode de Vauban; or cherchons quel effet produit la brèche sur les parapets d'une telle place. La formule $y = \frac{a^2}{2(a+c)}$, ne peut plus avoir lieu ici, puisque la valeur c n'existe plus; conservant donc les dénominations y et a nous aurons pour la surface du rectangle AhDE $= ay$ et pour celle du triangle $AEF = \frac{a^2}{2}$; ce qui nous donne l'équation

$$ay = \frac{a^2}{2}; \text{ et } y = \frac{a^2}{2a} = \frac{a}{2};$$

Or comme Vauban exige toujours pour l'escarpe *a*, 36 pieds de hauteur cela donne ——— $y = 18$ pieds; c'est à dire que dans les places revêtues au dessus du cordon, toute la masse du parapet, après la brèche, tombera dans le fossé, ce qui n'est que trop confirmé par l'expérience des sièges.

Je ne puis passer plus loin sans rémarquer ici, que c'est donc une erreur, qui n'est acreditée que par le temps que de croire qu'il soit necessaire de découvrir le pied du revêtement pour faire brèche praticable, et Dupuget lui même qui enseigne qu'il faut battre le revêtement à un tiers de sa base, n'est pas exact, puisque dans le cas ci dessus, qui est le plus général, il est visible qu'il suffit de battre le revêtement à moitié de sa hauteur; au reste il n'y a pas d'inconvénient à suivre la méthode usitée quand on le peut, mais il se trouve d'autres cas, et j'ai voulu insinuer que la formule

$$y = \frac{a^2}{2(a+c)},$$ servira à déterminer à quelle hauteur il faut battre le revêtement pour produire une brèche praticable; or c'est toujours au point *n*, puisque les terres prendront alors leur talus par AF à 45°. mais on peut toujours déterminer Dn, puisque nous avons $Dn = a - y$ car $cn = y$.

Je dois encore remarquer qu'à la rigueur on peut faire bréche praticable à la courtine et au flanc de Vauban, quoi qu'ils soyent recouverts par la tenaille, si les deux ouvrages sont revêtus au dessus du cordon; car, la courtine commande la tenaille de 8 à 9 pieds; si on fait brèche dans la tenaille, et qu'on fasse ébouler toute la masse de son parapet, cela découvrira encore la courtine de 9 pieds, donc on aura découvert alors 16 à 17 pieds du revêtement de la courtine, ce qui pourrait suffire. Il pourrait arriver que la brèche ne fut pas continue et qu'il se forma un rassaut au point *n*, mais ce rassaut ne saurait être considérable, puisque dans le profil de Vauban il seroit toujours $= a - 2y$. Pour le profil de Cormontaigne nous avons trouvé $y = 12^{p.} \frac{6}{37}$, mais comme $cn = y$, il suffit de découvrir 12 pieds d'escarpe dans ce profil pour faire la brèche continue.

Les circonstances donc où l'on peut obtenir un rassaut son rares, et d'Obenheim y compte pour n'avoir pas analysé la question, car dans son profil où les escarpes sont si basses il suffit d'en découvrir quelque peu, pour rendre la brèche continue, vu que la masse de terre appuyée sur l'escarpe étant plus grande, elle comble plustôt le fossé.

Revenons maintenant à notre sujet.

Nous avons trouvé que dans le profil de Vauban, après la brèche, toute la masse du parapet s'écroule dans le fossé, dans celui de Cormontaigne il en reste intacte une épaisseur de 5 p, 2 pouces. A présent on exige que la partie intacte du parapet ait 12 pieds d'épaisseur; c'est à dire que dans la formule de l'escarpe $y=\frac{a^2}{2(a+c)}$; la valeur de y est donné $=6$ pieds, il faut déterminer celles de a et c; mais comme le commandement du rempart, et la profondeur du fossé restent les mêmes, nous avons une autre équation —

$$a+c=37^{p.}$$

substituant dans la première équation cette valeur et mettant pour y la sienne, nous aurons:

$$6=\frac{a^2}{2(37)};\ \text{d'où}$$

$$a=\sqrt{12(37)}=\sqrt{444}=21^{p.}\ \text{donc}\ c=16^{p.}$$

Ainsi je puis dans le profil de Cormontaigne donner à l'escarpe a une hauteur de 21 pieds, et satisfaire par ce moyen à la condition de conserver 12 pieds de parapet après la confection de la brêche; ce resultat est différent de celui où est parvenu d'Obenheim. Cette solution est certainement plus satisfaisante, en ce qu'elle est indépendante de la largeur du fossé; n'influe en rien sur le tracé, n'entraine point dans des inconvéniens que nous avons vu être grâves, qu'elle est applicable à tout systême, et qu'elle donne des escarpes plus hautes que celles de l'auteur, qui sont toujours plus basses que la contre-escarpe; et cette solution est d'autant plus satisfaisantes qu'elle n'est point fondée sur une suposition fausse mais sur les loix immuables de l'analyse.

Quand il s'agit de déterminer la hauteur de l'escarpe; je néglige la fraction dans le resultat; c'est pour être d'autant plus certain de l'effet; pourtant j'ose croire que quand la formule donne $y=6^{p.}$, cette valeur dans la pratique sera moindre, et la partie du parapet qui reste plus épaisse, et cela par la grande différence de l'espace qu'occupent les terres roulantes à celles bien assises.

Nous avons vu dans le profil de Cormontaigne, que pour avoir $y=6$; il fallait $a=21$, et $c=16$, nous n'avons pas fait varier la valeur $a+c$ dans ce profil et c'est *c* qui a influé sur *y*; dans ce cas le revêtement va jusqu'à l'horizon ou peut s'en faut; mais il est reconnu que le fossé de Cormontaigne est trop profond puisqu'il donne plus de terre que n'en peuvent consommer les remparts. Faisons donc varier cette profondeur et recherchons: quelle seroit la profondeur du fossé et la valeur de *a* si on fait monter l'escarpe de 2 pieds au dessus de l'horizon?

Le commandement de la crête intérieure du bastion étant de 18 pieds, celui de l'extérieure, ou du point *c* sera sur l'horizon de 16 pieds et sur le sommet de l'escarpe de 14 p. nous avons donc: —

$$c=14;\ \text{et}\ y=6^{p.}$$

il s'agit de déterminer la valeur de *a* dans la formule $y=\frac{a^2}{2(a+c)}$ substituons pour c, et y, les quantitées de 14 et de 6 pieds nous aurons

$$6=\frac{a^2}{2(a+14)}=\frac{a^2}{2a+28}; \text{ d'où}$$

$$a^2-12a=168$$

cette équation du second degré après les operations nécessaires donne

$$a-6=\sqrt{204}$$

d'où finalement, négligeant la fraction nous avons

$$a=20^{p.}$$

ainsi la hauteur de l'escarpe sera de $20^{p.}$ la profondeur du fossé $20-2=18$ pieds.

Cet exemple fait voir qu'en diminuant la profondeur du fossé on peut rélèver le sommet de l'escarpe laissant toujours $y=6^{p.}$ conditions que nous nous sommes imposées. Ce cas arrivera souvent pour les ouvrages avancés, ou les fossés sont peu profonds, et où il faut rélèver l'escarpe autant que possible. Pour les petits ouvrages mêmes la formule donnera des escarpes aussi hautes que celles que l'on obtient par les procédés ordinaires, et cela vû le peu de profondeur du fossé. Soit par exemple une lunette de 12 pieds de commandement, avec un fossé de 12 pieds de profondeur.

Nous avons $a+c=22.$ et

$$6=\frac{a^2}{2(22)}\,;\ \text{d'où}\ a=\sqrt{264}=16^{p.}$$

une escarpe de 16 pieds est tout ce qu'on est en usage de donner à un ouvrage d'un tel relief. Nos escarpes donc ne pourons jamais s'éléver à la hauteur de la crête du glacis elles en seront plus faciles à défiler des hauteurs environnante:

Je m'arrêtte ici, pour ne pas m'appesantir sur une question. que chacun pourra développer et appliquer à tous les cas.

CONCLUSION.

Après avoir ainsi exposé cette solution de la condition de conserver 12 pieds de parapet après la brèche faite; je prends la liberté d'ajouter; que tous les inconvéniens où est tombé Mr. Obenheim par sa manière de satisfaire à cette importante condition, sont écartés par la nouvelle théorie; il faudrait aprésent aborder la question de plus près, et construire le profil; il faudrait même refaire le travail de Mr. Obenheim sur la fortification permanente; on verrait combien on se rapprocheroit de Cormontaigne, car tout ce qui est système; enfoncement du chemin couvert, construction de courbes, tracé par la crête intérieure et autres nouveautés, devrait de soi même s'évanouir par l'application seule de la nouvelle théorie; et cela sans renoncer à aucun des avantages que Mr. Obenheim s'est procuré.

Pourtant la plume échappe de mes mains; j'ai peut-être trop longtemps entretenu Mrs. les Ingénieurs sur un sujet, où eux seuls sont juges compétents. Aussi je me soumets à leur tribunal et je subirai le jugement sans murmure, car il sera prononcé par les maitres de l'art.

Il me reste à faire ici une dernière reflexion; le profil du Neuf Brisac, satisfait plenement à la condition de conserver 12 pieds de parapet après la brèche faite. Je laisse à juger si c'est par de purs motifs d'économie que le Maréchal de Vauban auroit adopté le demi revêtement, lui qui a vu tout le vice des escarpes trop hautes; je ne cite cette autorité que pour insinuer que le Marechal ne pensait pas vraisemblablement qu'une place à demi revêtue fut une place à demi construite. Bousmard se plaint aussi de la hauteur des escarpes, car il dit dans un endroit de ses ouvrages que, les revêtemens en pierre, mal nécessaire dans les fossés secs, puisqu'ils font tomber le parapet avec eux, ne peuvent être soufferts avec des fossés pleins d'eau.

Permis d'Imprimer
SPADA,
Censeur Impérial.
St. Petersbourg, le 28. Mars 1816.

St. Petersbourg,
DE L'IMPRIMERIE DE FR. DRECHSLER.

www.ingramcontent.com/pod-product-compliance
Lightning Source LLC
LaVergne TN
LVHW011959160826
845678LV00002B/632

* 9 7 8 2 3 2 9 6 9 2 1 1 1 *